北极熊
科普佳作丛书

赵致真/主编

认识时间

[苏] 沃尔特·苏斯洛夫/著

张志敏/译

长江出版传媒

长江少年儿童出版社

图书在版编目（CIP）数据

认识时间 / (苏) 沃尔特·苏斯洛夫著 ; 张志敏译 .
武汉 : 长江少年儿童出版社 , 2025. 1. —— (北极熊科
普佳作丛书 / 赵致真主编). —— ISBN 978-7-5721-5400-
3

Ⅰ . P19–49

中国国家版本馆 CIP 数据核字第 20242D5Z27 号

北极熊科普佳作丛书·认识时间
BEIJIXIONG KEPU JIAZUO CONGSHU · RENSHI SHIJIAN

出 品 人：何 龙

策　 划：何少华　傅 篾　谢瑞峰

责任编辑：黄　凰

责任校对：邓晓素

出版发行：长江少年儿童出版社

业务电话：027-87679199

网　 址：http://www.cjcpg.com

承 印 厂：武汉精一佳印刷有限公司

经　 销：新华书店湖北发行所

规　 格：720 毫米 ×970 毫米 16 开

印　 张：8.25

字　 数：87 千字

版　 次：2025 年 1 月第 1 版

印　 次：2025 年 1 月第 1 次印刷

书　 号：ISBN 978-7-5721-5400-3

定　 价：35.00 元

本书如有印装质量问题，可联系承印厂调换。

编撰人员

策　　划：雷元亮　武际可

顾　　问：卞毓麟　金振蓉　尹传红

主　　编：赵致真

编委会

战　钊　胡珉琦　陈　静　傅　篪

彭永东　张　戟　梁　伟　高淑敏

武汉广播电视台《科技之光》

前 言

老人在外面遇到好吃的东西，总想带回去给孩子们尝尝。如果碰巧遇到自己小时候最喜爱的美食，而且市面上已经多年罕见，就更会兴奋不已和留恋不舍——我这几年来忙着张罗出版"北极熊科普佳作丛书"，心情便大抵如此。

1956年，我在武汉市第二十一中学读初中，每天下午4点放学后，便急急赶到对面的武汉图书馆。阅读的内容丰富而单纯，全是清一色的苏联科普读物。管理员阿姨也对我这个痴迷的小读者另眼相看，总能笑眯眯地把我前一天没读完的书取过来。每逢当月的《知识就是力量》《科学画报》出版，或者图书馆进了新书，管理员阿姨便拿给我先睹为快。正是其中的苏联科普作品，开阔了我少年时的眼界和心胸，启发了我最早的疑问和思考，培养了我对科学终生的兴趣和热爱。我对苏联科普作品的"情结"是其来有自的。

有次和叶永烈老师闲聊，原来他也曾经是苏联科普大师伊林和别莱利曼的忠实粉丝。后来我才知道，我国的科普前辈高士其、董纯才、陶行知、顾均正等，无不深受苏联科普作品的熏染。饮水思源，寻根返本，正是苏联科普作品哺育过中国一代科普人。

此后随着世事变迁，苏联科普作品在中国几乎销声匿迹了。待到改革开放，我们科普出版界的主要兴趣和目光投向了美国、英国。我自己也是阿西莫夫、萨根、霍金的热烈追捧者。而苏联在1991年解体，加上我国俄语人才锐减，苏联科普作品在中国就更是清水冷灶，鲜见寡闻了。

也算是机缘巧合，当我从事科普写作需要查阅大量资料文献时，"淘书"嗜好的"主场"渐渐转到了互联网。经过多年积累，我的磁盘里已经储存了万余册电子书。出乎意料的是，我竟然通过不同方式和渠道，陆续获得了近千本苏联科普书籍，而且全是英语版。可见当年苏联多么重视国际文化交流。

久违如隔世，阔别一花甲！我在电脑上遍览这些"倘来之宝"，大有重逢故知的感慨。苏联科普作品的风格和特色我一时总结不出来，却能立刻体验到稔熟的气息和味道。这些作品大都出版于20世纪70至80年代，当时苏联和美国的科技并驾齐驱，也是苏联解体前科普创作的黄金岁月。如此重要的历史阶段，如此大量的文明成果，在中国却少有记载，无论出于怎样的阴差阳错，都是一种缺失和遗憾。

姑且不谈中国科普出版物的时代连续性和文化完整性，应该补上这个漏洞和短板，但说纠正青少年精神营养的长期偏食，提高科普图书的均衡性和多样性，也是非常必要的。在美、英科普读物之外，我们还应该展现更多的流派和传统，提供其他的参照系和信息源。

诚然，几十年间人类的科技发展一日千里，但关于科学史、科学家、科学基本原理和思想方法的书籍不会过时。我特别欣赏苏联科普作品知识性和可读性的统一：浓郁深切的人文情怀，亦庄亦谐的高尚情趣，触类旁通的广度厚度，推心掬诚的平等姿态。尤其是那些美不胜收、过目难忘的生动插图，大都出自懂得科学的著名画家之手，令人不由怀念起中国科普画家缪印堂先生。

最初我选定的"北极熊科普佳作丛书"是50本，分为"高中卷""初中卷""小学卷""学前卷"。感谢中国出版协会理事长邬书林、广电总局老领导雷元亮鼎力支持、指津解难；中国文字著作权协会帮助寻找版权人，并代为提存预支稿酬；科普界师友武际可、卞毓麟、尹传红等同心协力、出谋划策；长江少年儿童出版社何龙社长则独具慧眼、一力担当。我们决定按照"低开、广谱、彩图"的标准，首次出13册，先投石探路，再从长计议。并从封面到封底，保持原汁原味的版式，以便读者去权衡得失和斟酌损益。

在这13本小书即将付梓之际，原书作者都已去世，原出版社也消失了，连国家都解体了，作品却成为永恒的独立生命。这就是书籍的力量。

此时，我又感觉自己更像一只义不容辞的蜜蜂，在伙伴面前急切而笨拙地跳一通8字舞，来报告发现花丛的方向和路径。

赵致真

2021年8月于北京

目 录

认识时间 /1

嘀嗒嘀嗒 /21

小东西 /22

白天和黑夜 /24

现在几点了？ /25

我的一天 /28

它们说什么？ /30

自己动手做时钟！ /31

在时间博士的办公室 /32

一个星期有几天？ /35

有多少？ /36

一个关于年龄的问题 /36

月份和季节 /37

一年有多少个月？ /38

在时间博士的办公室 /39

十二月歌 /42

爸爸，你今年多大？ /42

一年之间 /43

十二月歌 /44

汤米过生日 /44

行星 /45

两道难题 /46

识天气 /47

押韵谜语 /51

望远镜 /53

湿度计 /53

风向标 /55

趣味问答 /57

你知道吗？ /59

闪电有多远？ /60

你知道吗？ /61

趣味知识 /62

时钟 /64

清晨开启 /64

答案 /65

自己动手制作日历 /66

明天还是昨天？ /69

每天发生的事 /71

如何测量时间 /74

时间无时不在 /81

生物体内的时间 /85

每分钟都很宝贵 /90

钟和表 /97

谜语 /101

两种报时方法 /101

现在几点了 /103

公鸡、茶壶和闹钟 /107

钟表里面有什么 /114

梭子鱼和锤子 /117

向巡洋舰开火的钟 /119

另一个守钟人 /121

漫谈时间 /123

男生瓦西里、通心粉和时间 /123

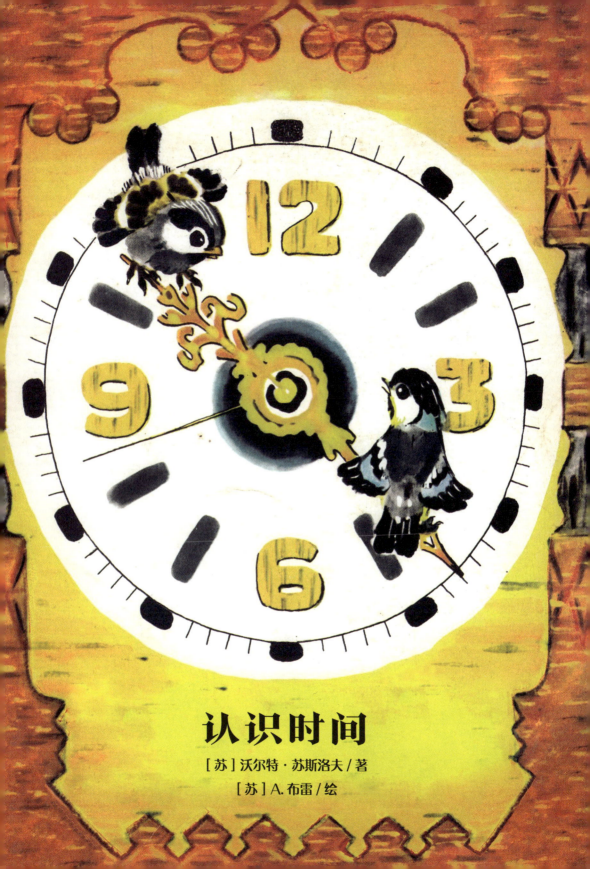

认识时间

[苏]沃尔特·苏斯洛夫 / 著

[苏] A. 布雷 / 绘

嘀嗒，嘀嗒，
时钟不停转动。
一圈，一圈，
指针永远前行。
起床、穿衣，
吃饭、喝水，
跑步、游戏，
每天有做不完的事情！
嘀嗒，嘀嗒，
时钟不停转动。

小公鸡, 起得早, 伸长脖子喔喔叫。

又黑又冷它不怕, 就怕太阳睡懒觉:

"嘿! 傻孩子, 快起床!"

小兔是个瞌睡虫，
日上三竿赖床上。

小老鼠好心劝小熊：

"你若天天睡懒觉，错过夏天好时光。"

美好清晨已然开启，

快来锻炼，唤醒身体。

请大家准备好！

清清凉水甜丝丝，洗洗耳朵和小爪子。

别忘了还要刷刷小牙齿，洗洗小脚趾。

早餐时间最重要，

不要玩耍和嬉闹。

热爱劳动最光荣，谁也不做小懒虫。

你拿铲子我拿桶，奔向山丘山谷中。

做完一天的工作，让我们尽情欢乐！

真是忙碌的一天！

时钟嘀嗒，夜晚悄悄来临。

轻轻上床，进入甜美梦乡！

只有猫头鹰还不想睡觉，
别忘了它是夜行鸟。

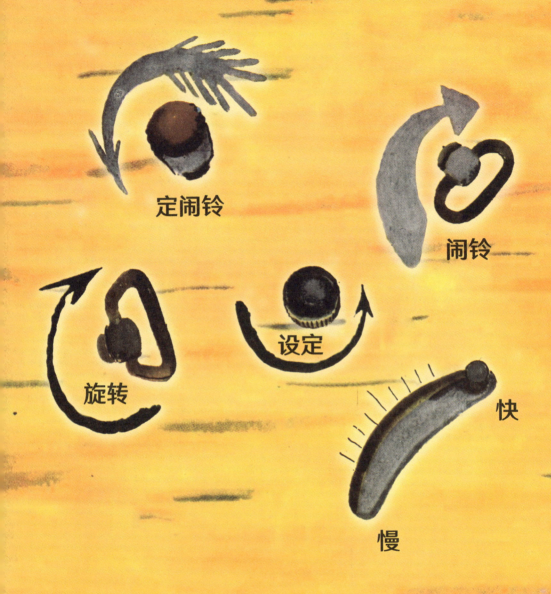

定闹铃

闹铃

旋转

设定

快

慢

嘀嗒嘀嗒

［苏］I. 斯捷潘诺娃 / 著

［苏］B. 莱特曼 / 绘

一月

二月

三月

四月

五月

六月

七月

八月

小东西

E.C. 布鲁尔

小小水滴，
汇成汪洋大海；
小小沙粒，
铺就欢乐大地。
小小的一分钟，
虽然很短，
却筑成时代的
伟大和永恒。

22

九月

十月

十一月

十二月

23

白天和黑夜

白天

太阳

黑夜

地球

地球绕地轴自转一周需要 24 小时。

面向太阳的半个地球，是白天。

背对太阳的半个地球，是黑夜。

答案见 65 页

1. 谁的手握不住东西？

2. 谁的脸从来不用洗？

3. 什么东西只增不减？

现在几点了？

时钟

手表

钟面

时钟有两根指针：时针和分针。

手表通常有三根指针：时针、分针和秒针。

长针急匆匆，

短针权力大。

长针计分钟，

短针定小时。

一日之计在于晨。

今日事，今日毕。

凡事皆有时。

25

现在几点了？

一天由小时组成。一天有 24 小时。

现在 1 点钟。

现在 5 点钟。

现在 12 点钟。

一小时有 60 分钟。30 分钟是半个小时，15 分钟是一刻钟。

现在 4 点 30 分。

现在 5 点 45 分。

现在 2 点 15 分。

现在 3 点 10 分。

行进 方向

现在 8 点 40 分。

答案见 65 页

有脸也有手，在你眼前转。

虽然忙赶路，身体稳稳站。

要是立了正，不要信我言。

这个钟准点。

这个钟慢 5 分。

这个钟快 5 分。

当时钟的两根指针同时指向顶端中央，一定是 12 点。
至于是中午 12 点还是午夜 12 点，要看天色而定。

——菲利斯·麦金利

把握好分分秒秒，时间才会源源而来。
点滴时间聚成永恒。
现实中的每一分钟，胜过想象中的一年。

我的一天

请用铅笔在下面图中的括号里分别写出正确时间，并在时钟上画出相应的指针。

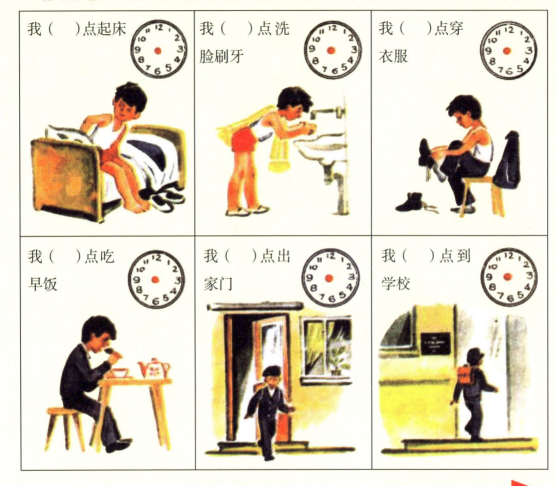

答案见 65 页

成年人需要七个，多数人习惯八个。

但是有人要十个，甚至要十一个。

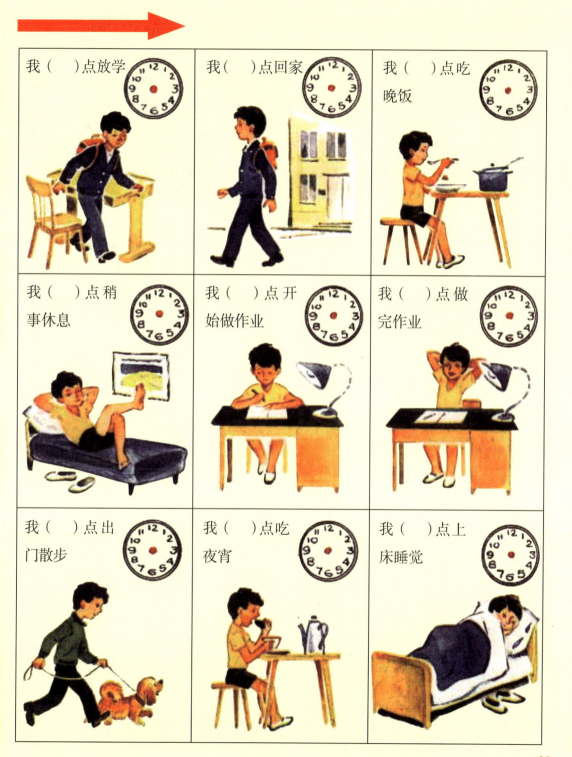

我（　）点放学

我（　）点回家

我（　）点吃晚饭

我（　）点稍事休息

我（　）点开始做作业

我（　）点做完作业

我（　）点出门散步

我（　）点吃夜宵

我（　）点上床睡觉

29

它们说什么？

公鸡叫喔喔："已经四点咯！"

百灵鸟叫喳喳："天还没亮啊？"

猫儿叫喵喵："那是什么哟？"

羊儿叫咩咩："我想睡觉耶。"

兔儿叫咕咕："坏习惯没好处。"

马儿叫哝哝："小兔说得对。"

野兔叫咕咕："你在哪里住？"

老鼠叫吱吱："就在房子里。"

猪儿叫啰啰："我可是大个。"

可是，小狗叫汪汪：

"时间不早，快起床！"

自己动手做时钟！

钟面（表盘）

分针

时针

1. 把钟面和两根指针粘贴在硬纸板上。

2. 把粘贴好的钟面和指针剪切下来。

3. 在钟面正中央打一个孔，在两根指针的尾部也各打一个孔。

4. 把钟面和指针钉在一起。

在时间博士的办公室

——爱丽丝·瓦里

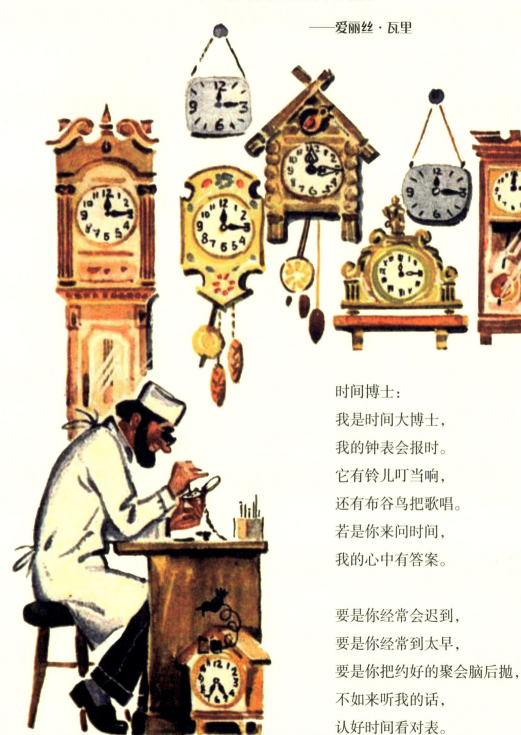

时间博士：
我是时间大博士，
我的钟表会报时。
它有铃儿叮当响，
还有布谷鸟把歌唱。
若是你来问时间，
我的心中有答案。

要是你经常会迟到，
要是你经常到太早，
要是你把约好的聚会脑后抛，
不如来听我的话，
认好时间看对表。

工程师：

一、二、三、四、五、六、七、八、九……

请问现在几点了？

时间博士：

时间已很晚，

过了八点半。

需要提速度，

抓紧赶时间。

工程师：

我请博士看看表，

准确时间是多少？

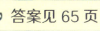

答案见 65 页

什么东西不存在于过去，不存在于未来，只存在于现在？

时针：

时针走路比较慢，

只因前方路途远。

分针：

分针跑步往前赶，

昼夜都转十二圈。

分针虽然计时短，

身材看去最显眼。

秒针：

有些钟表更精确，

那根秒针正是我。

兄弟三人我最快，

一分钟来转一圈，

比赛能把冠军夺。

三根表针各分明，小时分秒都认清。准确报时我能行。

一燕不成夏。

时间一去不复返。

及时一针省九针。

一个星期有几天？

七兄弟看似一样，
实际上各不相同，
每人都有自己的大名。

答案见 65 页

如果不提星期日、星期一、星期二、星期三、星期四、星期五和星期六，你能说出一个星期中有哪五天吗？

35

有多少？

一分钟有多少秒？

六十秒钟，不多不少。

一小时有多少分钟？

六十分钟，阳光照花丛。

一天有多少个小时？

二十四小时，工作和休息。

一周有几天？

七天，过了再循环。

一个关于年龄的问题

有一次，吉尔问爷爷："您是哪一年出生的？"

爷爷回答说："如果你把我的出生年份写在一张纸上，然后把这张纸上下颠倒过来看，这个年份不会变。"

你知道吉尔的爷爷是哪一年出生的吗？（请写出离我们现在最近的年份，答案见 65 页）

星期四凌晨看窗外，星期五风光入眼来。

月份和季节

答案见 65 页

1. 每天脱一件衣裳，到年底什么也没剩下。（打一物品。）

2. 一年中有多少个月份至少有 28 天？

一年有多少个月？

时光易逝如飞箭，四季更迭如流水。
宁赶早，不贪晚。

在时间博士的办公室

时间博士：

时光悄悄流逝，一个一个小时，

一天又一天，一个一个星期，

一月又一月，一年消失不见。

这里说说月份，

看它们一年中的表现。

一月：

雪花飘，人欢笑。

二月：

煎饼香，比赛忙。

三月：

大风吹，帽儿飞。

四月：

太阳雨，真有趣。

五月：

五月一，心欢喜。

六月：

玫瑰香，洒芬芳。

七月：

农忙到，晒干草。

八月：

打理船，出河湾。

九月：

天渐凉，树叶黄。

十月：

落叶满，扫庭院。

十一月：

天低暗，雾弥漫。

十二月：

家家欢，迎新年。

星期天清点一周时光。

每天都不是星期天。

时间和潮汐一样不等人。

一年

月	天数
一月	31
二月	28/29
三月	31
四月	30
五月	31
六月	30
七月	31
八月	31
九月	30
十月	31
十一月	30
十二月	31

时间博士：

感谢有你，带来万事万物，造就春夏秋冬。

十二个月：

又到分别时刻，我们依依不舍，

相约明年再来，与美好四季同行。

答案见 65 页

1.一个老妈妈，她有十二个孩子：有的长，有的短，有的热，有的冷。猜猜她是谁？

2.星期天和星期六的共同之处是什么？

十二月歌

—— R.L. 斯托文森

一三五七八十腊，三十一天永不差，
四六九冬三十天，二月只有二十八。
每逢四年闰一日，一定要在二月加。

爸爸，你今年多大？

男孩：你今年多大，爸爸？
男孩的父亲：你出生的那一天，
我的年龄是你现在年龄的两倍。
再过十四年，你的年龄就赶上
你出生时候我的年龄了。
男孩的父亲年龄是多少？ （答案见 65 页）

花在工作上的时间永远不会浪费，这是智慧的结晶。
趁着阳光好，赶紧晒干草。

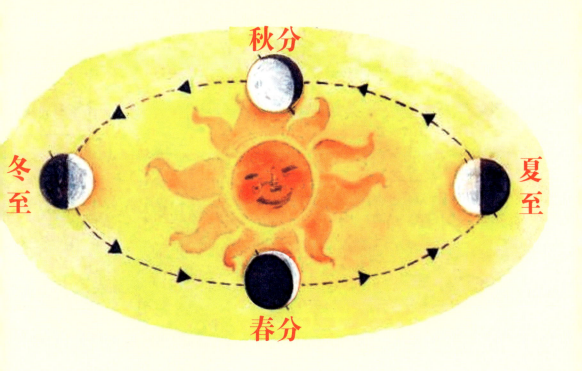

秋分

冬至

夏至

春分

一年之间

12 月 22 日左右冬至，白天最短，夜晚最长。

3 月 21 日前后春分，白天夜晚等长，是春之开始。

6 月 22 日左右夏至，白天最长，夜晚最短。

9 月 23 日前后秋分，白天夜晚等长，是秋之开始。

答案见 65 页

1. 孩子们在几月份说的话最少？

2. 如果两周前的昨天是星期六，明天是星期几？

十二月歌

——克里斯蒂娜·罗塞蒂

一月天寒地冻，二月料峭湿冷。

三月春风擂鼓，四月大地复苏。

五月百花飘香，六月盛夏日长。

七月骄阳似火，八月粮食收获。

九月果实累累，十月秋叶纷飞。

十一月暗淡萧索，十二月银装素裹。

汤米过生日

妈妈：你今天五岁了，祝你生日快乐！

汤米：谢谢妈妈。

妈妈：生日聚会上，你想要一个插着五根蜡烛的蛋糕吗？

汤米：妈妈，我还是要五个蛋糕和一根蜡烛吧。

东方也好，西方也好，还是自己的家最好。

太阳在每个国家都是早晨升起。

迟到总比不到好，从不迟到是最好。

行星

—埃莉诺·法让

古人说，月亮是银子做的，
太阳是金子做的，木星是锡做的。

古人还说，金星是铜做的，
土星是铅做的，火星是铁做的。

可是，很久以前地球是什么做的，
古人从未告诉过我，
因为他们并不知晓。

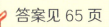
答案见65页

1.它从远古走来，却一直闪耀至今。它是什么？

2.它永远是四个星期大，不可能长到五个星期。它是什么？

两道难题

1. 一个壮年男人，他生命的四分之一是作为一个男孩度过的；五分之一是作为年轻人度过的；而他作为壮年人的时间是三十三年。请问，这个男人的年龄是多少？

$$\Box + \Box + \Box + \Box + \Box = 90$$

2. 一对夫妇有三个孩子，分别是约翰、本和玛丽。这对夫妇的年龄差，等于约翰和本的年龄差，也等于本和玛丽的年龄差。约翰和本年龄的乘积等于父亲的年龄，本和玛丽年龄的乘积等于母亲的年龄。全家人的年龄总和是九十岁。请问，每个家庭成员的年龄分别是多少？

（答案见 65 页）

时间会让一切真相大白。

今日事今日毕，勿将今事待明日。

春天并不总是绿色的。

识天气

（谚语）

西边乌云密布，最好足不出户。早雨不过午。

太阳雨下不过半小时。风暴过后天会晴。

晚霞起，行千里。
晨霞起，要下雨。

蟋蟀叫得响，地上起热浪。

蚊蝇合聚，燕子飞低，
天有不测，风雨将至。

日晕月晕，雨雪降临。

广播信号受干扰，电闪雷鸣雨来到。

地上雾罩，下雨征兆。

梳头噼啪响，天气准晴朗。

蜜蜂不出门，大雨要来临。

蜜蜂倾巢出动，天气一定放晴。

晚上火烧云，牧人可放心。

早上火烧云，牧人要当心。

押韵谜语

我是谁？

1. 来自天空，滋润大地，
   声声入耳，点点留迹。

2. 红绿蓝，挂天边。摸不着，看得见。

3. 我有小妹妹，
   容貌如天仙，
   她能爬过高山，
   她能潜入深渊，
   她最喜欢眨眼，
   用她美丽的一只眼。

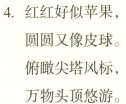

4. 红红好似苹果，
   圆圆又像皮球。
   俯瞰尖塔风标，
   万物头顶悠游。

答案见 65 页

望远镜

取长焦距透镜和短焦距透镜各一个。焦距是透镜到成像平面之间的距离。把两个透镜依次卡进硬纸筒里，短焦透镜放在离眼睛近的一端。通过两个镜头看远处的物体，你会发现看到的图像是倒过来的。

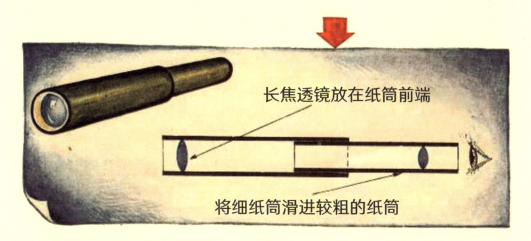

长焦透镜放在纸筒前端

将细纸筒滑进较粗的纸筒

湿度计

水从陆地、湖泊和海洋中不断蒸发。温度越高，空气中所能容纳的水蒸气就越多。反之，温度越低，空气所能容纳的水蒸气就越少。空气中存在水分的多少叫作湿度。测量湿度的仪器叫作湿度计。

接下来要做一个简易湿度计。它的工作原理是，头发在潮湿的空气中会伸长，在干燥的空气中会收缩，不受空气温度的影响。把一根长发系在图钉上，钉进一块厚板。将一个木制的指针固定在木板上，再在木指针上穿一个小孔和头发连接。当空气变潮湿时，头发就会伸长，使指针向下移动。

53

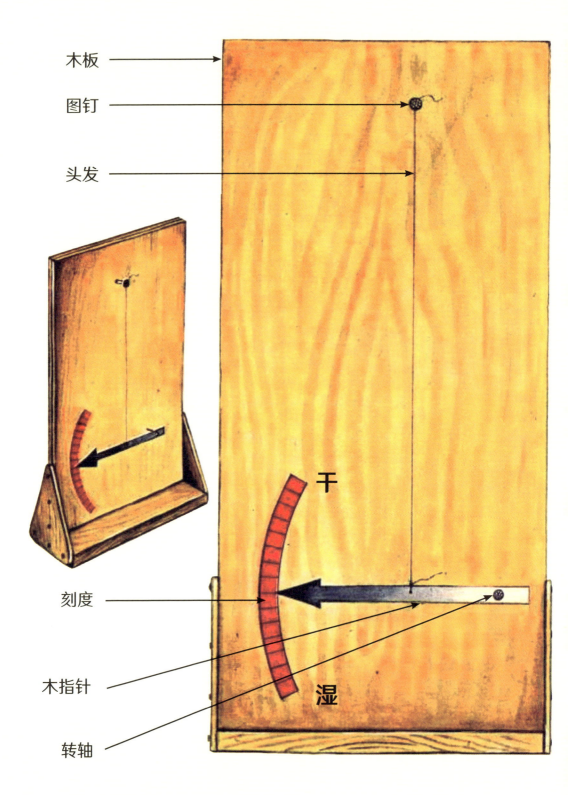

木板

图钉

头发

干

刻度

木指针

湿

转轴

54

风向标

天气预报员必须要知道从高压区吹向低压区的风的方向。下面要动手做一个特殊的风向标，可以预测明天的天气。

1. 把硬纸板剪切成如下左图所示的两种形状。

2. 用大头针穿过长吸管的中间点，用小刀将吸管的两端切开。

3. 把剪好的两种形状的硬纸板塞进吸管两端的切口中。

4. 把大头针扎进铅笔顶端的橡皮里。

5. 对着风向标吹气，你会发现尖端总会指向风。

风向标指示的风向，指的是风从哪里吹过来的方向。因此，如果风向标指向西北方，则是刮西北风。

这首小诗可以帮助我们预测天气

南风带来潮湿，北风送来阴冷。

西风吹来雨季，东风还来暖晴。

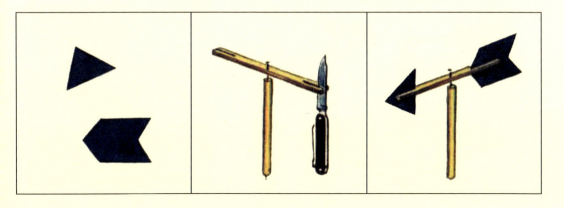

风向标

风向标不仅会指示风的方向，还会预测第二天的天气。

1.选择一张图，把图上的内容拷贝在纸板上。如果你住在东部，请复制图A；住在中部请复制图B，如果住在遥远的西部，就复制图C。

2.在复制好的硬纸板中央打一个孔。

3.把风向标放在户外，箭头一定要指向北。

读风向标时，还需要观察天空中云的形态，这一点非常重要。如果天空中有大量低云形成，而你的风向标显示"下雨"，那么，12小时内很可能会下雨。

如果你的小风向标出错了，也不要太失望。就连天气预报员也难免有出错的时候！

A

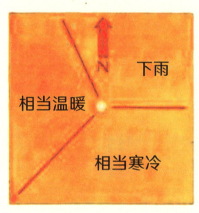

B

C

趣味问答

为什么一小时用 60 分钟表示，而不用十进制数字？

3000 年前的巴比伦人使用的是六十进制数字体系，并不是我们现在使用的十进制。例如，他们将圆分成 60 乘 6 等份，得到 360 度。同样，每一度又分成 60 个小等份，每小等份又被分成 60 个更小的等份。克罗狄斯·托勒密采用了巴比伦人的六十进制方法，把划分的第一级称为 pars minutae，或者小等份。然后，他把这第一级的小等份再分割后得到的更小的等份，称作 pars minutae secundae，或第二小等份。就这样，托勒密命名了分和秒，并广为流传。

为什么天空是蓝色的？

你有没有想过，为什么天空不是白色、绿色或红色的？ 原因如下。

太阳发出的光是白色的。但白光是由多种颜色的光波组成——黄色、橙色、红色、绿色、青色、蓝色和紫色。而蓝色和紫色光波的波长比其他颜色都短。

波长较短的蓝色和紫色在大气中更容易被散射。因此，这些颜色的光线我们会看得比其他颜色更清楚。所以，天空看起来是蓝色的。

为什么"十月"是一年中的第十二个月？

我们今天所采用的历法来源于尤里乌斯·恺撒之前的早期罗马人，他们将一年的开始定在三月——现在我们说的十二月，实际上是那个时候一年中的第十个月。后来，恺撒大帝将一年的开始定在1月1日，但各个月份的名称并没有随之改变。因此，某些月份名称的含义和它的顺序会有所不同。

月份	含义	顺序
9 月	septem — seven（七）	第九
10 月	octo — eight（八）	第十
11 月	navem — nine（九）	第十一
12 月	deka — ten（十）	第十二

你知道吗？

我们每时每刻都乘坐在一艘巨大的宇宙飞船中飞行。

你有没有乘坐过时速 66 英里的汽车呢？地球的移动速度比汽车快 1000 倍，时速是 66000 英里。最现代化的喷气式客机飞行速度约为每小时 660 英里。地球的移动速度是喷气式飞机的 100 倍。地球每天运行1584000 英里。1 英里约等于 1.6 千米。

1961 年 4 月 12 日，苏联宇航员尤里·加加林成功完成了第一次环绕地球的太空飞行。这是人类探索外太空的第一步。

1957 年 10 月 4 日，苏联发射了第一颗人造卫星。

世界上没有两片完全相同的雪花。下雪时，数以亿万计的雪花飘落，虽然所有的雪花都是扁平的六边形，但每片雪花都是独一无二的，总有与众不同之处。

彩虹会是双面的吗？任何人都不可能看到彩虹的另一面，因为彩虹是天空中的小水滴反射的阳光。

闪电有多远？

闪电几乎是瞬间出现的。闪电形成的雷声大约以每秒 1/5 英里的速度传播。你看到一道闪电就开始数秒，一直数到雷声响；用这个秒数乘以 1/5，就能算出自己距离雷电发生处有多少英里。

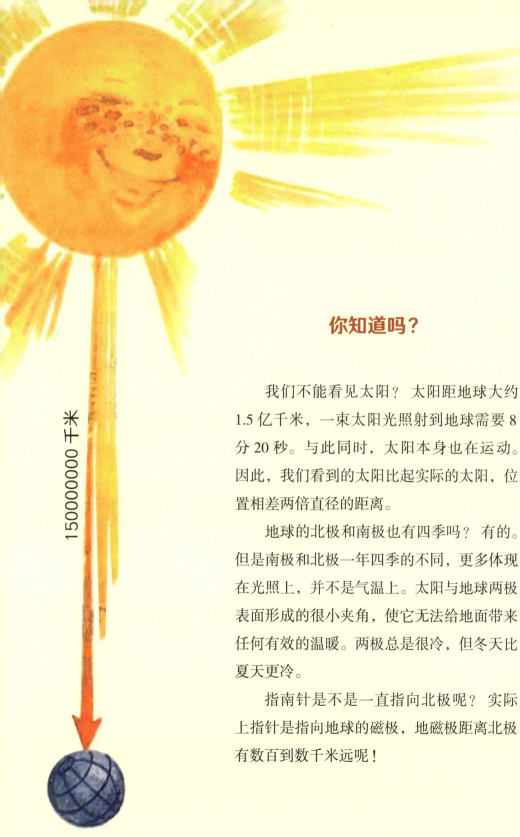

150000000 千米

你知道吗？

我们不能看见太阳？ 太阳距地球大约
1.5 亿千米，一束太阳光照射到地球需要 8
分 20 秒。与此同时，太阳本身也在运动。
因此，我们看到的太阳比起实际的太阳，位
置相差两倍直径的距离。

地球的北极和南极也有四季吗？ 有的。
但是南极和北极一年四季的不同，更多体现
在光照上，并不是气温上。太阳与地球两极
表面形成的很小夹角，使它无法给地面带来
任何有效的温暖。两极总是很冷，但冬天比
夏天更冷。

指南针是不是一直指向北极呢？ 实际
上指针是指向地球的磁极，地磁极距离北极
有数百到数千米远呢！

趣味知识

有些恒星比太阳大 400 倍。

天狼星是天空中最亮的星。

木星约 12 年绕太阳转一圈。

地球的质量大约是月球的 80 倍。

地球的赤道直径是 12756 千米。

月球到地球的距离约 380000 千米。

太阳到地球的距离约 150000000 千米。

世界平均气温为 15℃。

世界上最热的地方是厄立特里亚的红海港口马萨瓦（昼夜平均气温是 30℃）。

地球上最潮湿的地方在印度。莫斯科的年平均降水量为 24～26 英寸，纽约和伦敦的分别是 43 英寸和 25 英寸。和印度的乞拉朋齐的年平均降水量 432 英寸相比，这些地方只能算是干旱的沙漠。

时钟

明快地

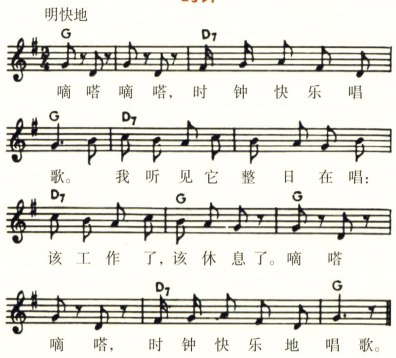

嘀 嗒 嘀 嗒，时 钟 快 乐 唱

歌。 我 听 见 它 整 日 在 唱：

该 工 作 了，该 休 息 了。嘀 嗒

嘀 嗒， 时 钟 快 乐 地 唱 歌。

清晨开启

舒缓地

晨 光 开 启， 夜 已 远 去。

日 出 而 起， 迎 接 新 一 天。

答案

第 24 页　　　1. 时钟指针　2. 钟面　3. 年龄

第 26 页：　　手表

第 28 页：　　睡眠时间

第 33 页：　　今天

第 35 页：　　前天、昨天、今天、明天、后天

第 36 页：　　吉尔的爷爷出生于 1881 年。

第 37 页：　　1. 日历　2. 所有月份（12 个月份）

第 41 页：　　1. 一年　2. 英文开头的字母"S"

第 42 页：　　男孩出生那天，父亲的年龄是男孩现在年龄的两倍。
　　　　　　　所以谜题说，14 年后男孩将和他父亲当时一样大。
　　　　　　　这个男孩今天 14 岁，他出生时他父亲是 28 岁。14 年
　　　　　　　以后，男孩也将 28 岁，所以今天男孩的父亲是 42 岁。

第 43 页：　　1. 二月，因为它是一年中最短的一个月。2. 星期一

第 45 页：　　1. 月亮　2. 月份

第 46 页：　　1. 这个男人 60 岁了。2. 父亲和母亲年龄都是 36 岁，
　　　　　　　3 个孩子是 6 岁的三胞胎。

第 51 页：　　1. 雨　2. 彩虹

第 52 页：　　3. 星星　4. 太阳

自己动手制作日历

这是一个每年都用得上的日历。做好之后，可以把它随意摆在家里的什么地方，也可以带到学校放在班级里。每天动手调一下时间，就可以知道当天是几号、星期几、处于哪个季节了。

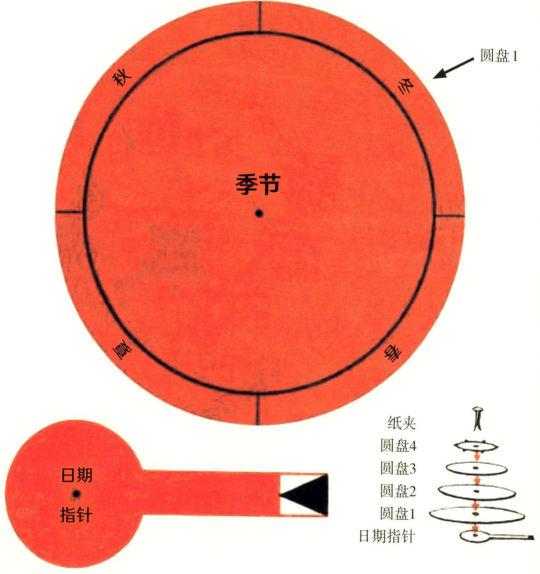

圆盘1

季节

秋

冬

夏

春

日期

指针

纸夹
圆盘4
圆盘3
圆盘2
圆盘1
日期指针

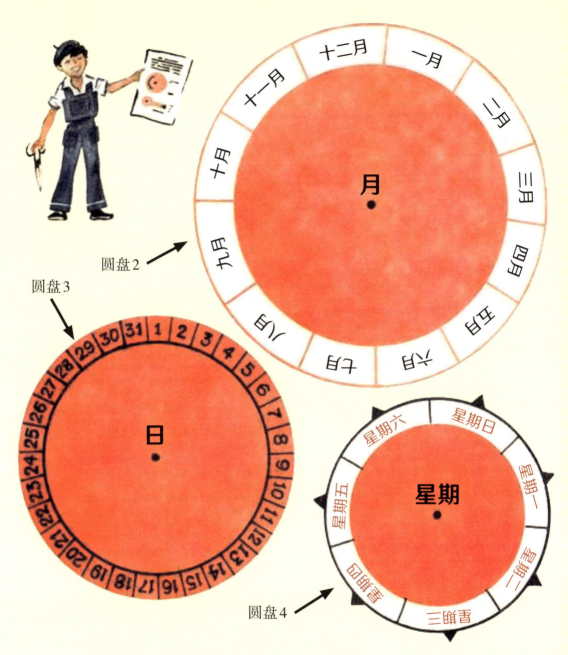

圆盘2

圆盘3

月

日

星期

圆盘4

把圆盘 1（季节）、圆盘 2（月）、圆盘 3（日）和圆盘 4（星期）剪切出来，分别粘在一张圆形的纸板上（纸板要与圆盘大小相同）。然后，把日期指针剪出来。在每个圆盘中心和日期指针上各打 1 个孔，穿过日期指针。在表示日期的指针上面，按顺序放置圆盘 1、圆盘 2、圆盘 3 和圆盘 4。最后，用纸扣（或别针）同时穿过所有圆盘和日期指针进行固定。

［苏］鲍里斯·祖巴科夫 / 著

明天还是昨天？

［苏］I. 卡巴科夫 / 绘

潮水来了

每天发生的事

清晨，红彤彤的太阳爬上树梢，升上山顶，露出半个脸庞。它白天在空中穿行，发出光和热，夜晚又悄悄溜走了。古时候，每当夜晚太阳不见了的时候，人们的内心充满恐慌。他们惊呼："太阳去了更好的地方，再也不会回来了！"但是，许多年过去了，夜晚过后白天依旧如约而至。于是人们开始明白，太阳一定会回来的；白天夜晚，周而复始。

海边的渔民发现，每天早上，海水向屋子的方向涌来，不一会儿又退去，仿佛一个巨人的胸脯在一起一伏地呼吸。潮涨潮又落。

涨潮水位

朝水退了

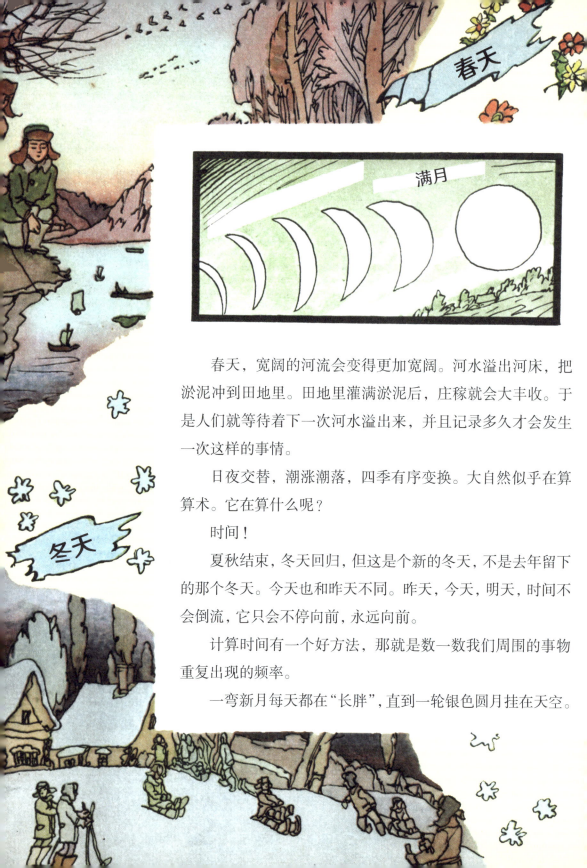

满月

冬天

　　春天，宽阔的河流会变得更加宽阔。河水溢出河床，把淤泥冲到田地里。田地里灌满淤泥后，庄稼就会大丰收。于是人们就等待着下一次河水溢出来，并且记录多久才会发生一次这样的事情。

　　日夜交替，潮涨潮落，四季有序变换。大自然似乎在算算术。它在算什么呢？

　　时间！

　　夏秋结束，冬天回归，但这是个新的冬天，不是去年留下的那个冬天。今天也和昨天不同。昨天，今天，明天，时间不会倒流，它只会不停向前，永远向前。

　　计算时间有一个好方法，那就是数一数我们周围的事物重复出现的频率。

　　一弯新月每天都在"长胖"，直到一轮银色圆月挂在天空。

满月

月圆之日，人们会举行庆祝活动，也会在一次又一次的庆祝中记录下时间。从一次月圆到下一次月圆，我们称为一个农历月。很多人都采用农历月份来计算时间。在俄语里，"月份"这个单词也常常被用来表示"月亮"的意思。

很久以前，每户人家之间相距遥远，见面不容易。但是大家都明白一个道理，那就是，如果天气热起来了，就该播种了；天气变冷了，就该收割庄稼、储藏冬柴了。

于是，人们就这样懂得了时序更替，对时间有了认知。共同的认知将人们彼此连接在一起。虽然大家身处各地，但时间会告诉人们："太阳为每一个人升起。大家都住在同一个星球上。"

是时间把人们团结在了一起！

夏天

秋天

如何测量时间

（关于天空移动的钟、放炮和环城赛跑）

当我们想和别人见面时，必须约好时间。当一个士兵站岗时，另一个士兵必须知道什么时候换岗。人们需要精确地掌握时间。但是，怎样才能做到这一点呢？人们是如何学会测量时间的呢？

有人注意到，当太阳在空中移动时，地面上树木的影子也会跟着移动。太阳好像在说：

"看哪！你们可以做出来一个日晷（guǐ）。"

于是人们发明了日晷，晷面刻有数字1到12，就和钟表上的数字一样。不一样的是，日晷没有指针，取而代之的是一个木桩或是三角木板的影子。当太阳在天上运行时，晷面上木头的影子也会跟着太阳移动，从一个数字指向下一个数字。这样，日晷就能告诉人们时间了。

很久很久以前，古希腊雅典城的主广场上坐落着一个巨大的日晷，是全城唯一的日晷。一些男人的工作就是绕着城市跑，告诉人们几点了。这些人被称为人力时钟。他们一般是先在主广场上驻足，看清楚日晷上阴影所处的位置，读出时间，然后再绕着城市跑，告诉他人一天中的不同时间。人

们会因此给他们一些小赏钱。

　　那时候，全城的人就是靠这样的办法知道时间的。

　　还有一种能放炮的时钟，也是利用了太阳可以生火的原理。因为一片玻璃凸镜可以将太阳光线聚集成温度很高的一个小点。于是人们用这样一片玻璃将太阳光引向火药，到

水钟

了正午十二点时，聚集的太阳光带来的高温就点着了火药。

砰的一声，炮响了。"十二点了！ 听到了吗？"

"十二点了！"

如果使用的不是一门炮，而是十二门炮，就可以做一个完整的时钟。

日晷唯一的麻烦之处就是，人们没办法用它在夜晚或阴

天来确认时间。

　　很久以前还有一种水钟。人们让水滴从一个容器滴到另一个容器里，容器里的浮标会随水位变化一起一伏，浮标上有指针可以指示时间。到了晚上，水钟也可以工作。但由于水会蒸发，因此人们需要不断给水钟添水。

　　不要因为水钟只有两个容器和一个浮标，就觉得它很简单。有时候，水能驱动复杂的装置。它可以让一个全副武装的骑士玩偶从窗户弹出来，或是让一个小男孩玩偶骑着海豚浮出水面。有时候它还能让一个球掉到金属盘子中，发出叮当的声音来报时。人们甚至还发明了一种水闹钟。水闹钟可真够神奇的！它能把睡梦中的人们叫醒，从床上拉下来。

　　所有这些神奇的装置都是由水的落差产生的力量驱动的。

　　最后，人们想到了用重物代替水来做驱动。第一个用重物制成的时钟大约出现在 1000 年前。这种钟只有一个指针，是时针。

　　再后来，人们又用弹簧代替重物来做驱动。就像我们用钥匙给玩具车上发条，让里面的弹簧收紧，然后把车放在地板上，弹簧反弹，带动车轮，车子就会在地板上飞驰。时钟用的也是这个原理，靠弹簧带动时钟里所有的轮子和指针转动。

　　弹簧驱动的时钟可以做得很小，精致到能够放进口袋里，

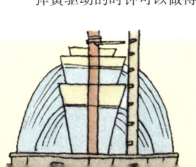

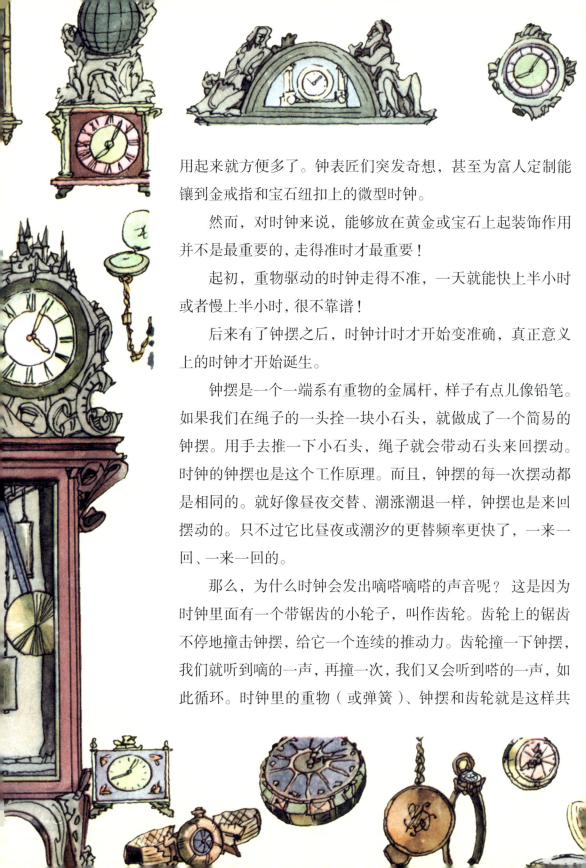

用起来就方便多了。钟表匠们突发奇想，甚至为富人定制能镶到金戒指和宝石纽扣上的微型时钟。

然而，对时钟来说，能够放在黄金或宝石上起装饰作用并不是最重要的，走得准时才最重要！

起初，重物驱动的时钟走得不准，一天就能快上半小时或者慢上半小时，很不靠谱！

后来有了钟摆之后，时钟计时才开始变准确，真正意义上的时钟才开始诞生。

钟摆是一个一端系有重物的金属杆，样子有点儿像铅笔。如果我们在绳子的一头拴一块小石头，就做成了一个简易的钟摆。用手去推一下小石头，绳子就会带动石头来回摆动。时钟的钟摆也是这个工作原理。而且，钟摆的每一次摆动都是相同的。就好像昼夜交替、潮涨潮退一样，钟摆也是来回摆动的。只不过它比昼夜或潮汐的更替频率更快了，一来一回、一来一回的。

那么，为什么时钟会发出嘀嗒嘀嗒的声音呢？这是因为时钟里面有一个带锯齿的小轮子，叫作齿轮。齿轮上的锯齿不停地撞击钟摆，给它一个连续的推动力。齿轮撞一下钟摆，我们就听到嘀的一声，再撞一次，我们又会听到嗒的一声，如此循环。时钟里的重物（或弹簧）、钟摆和齿轮就是这样共

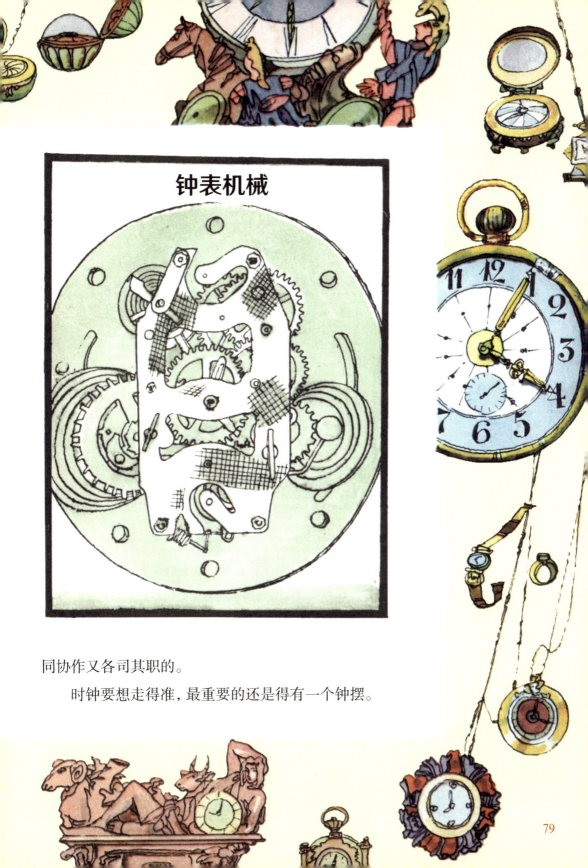

钟表机械

同协作又各司其职的。

时钟要想走得准，最重要的还是得有一个钟摆。

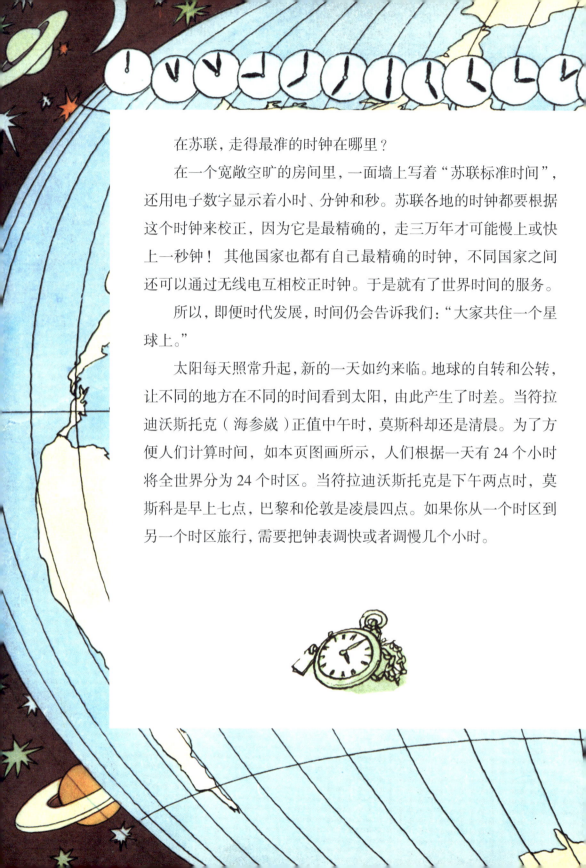

在苏联，走得最准的时钟在哪里？

在一个宽敞空旷的房间里，一面墙上写着"苏联标准时间"，还用电子数字显示着小时、分钟和秒。苏联各地的时钟都要根据这个时钟来校正，因为它是最精确的，走三万年才可能慢上或快上一秒钟！其他国家也都有自己最精确的时钟，不同国家之间还可以通过无线电互相校正时钟。于是就有了世界时间的服务。

所以，即便时代发展，时间仍会告诉我们："大家共住一个星球上。"

太阳每天照常升起，新的一天如约来临。地球的自转和公转，让不同的地方在不同的时间看到太阳，由此产生了时差。当符拉迪沃斯托克（海参崴）正值中午时，莫斯科却还是清晨。为了方便人们计算时间，如本页图画所示，人们根据一天有 24 个小时将全世界分为 24 个时区。当符拉迪沃斯托克是下午两点时，莫斯科是早上七点，巴黎和伦敦是凌晨四点。如果你从一个时区到另一个时区旅行，需要把钟表调快或者调慢几个小时。

时间无时不在

（去远方旅行，忠诚的列宁格勒守钟人，明天意味着什么？
为什么懒人会感到无聊？）

时间是永恒的。很久以前，地球上还没有人类。长着巨型牙齿、披着鳞片的食蚁兽便在沼泽中生活。但时间仍一路向前奔跑。

甚至在食蚁兽和沼泽出现之前，时间也从来不是静止的。

即便地球或太阳都还不存在的时候，时间也一直存在着。

世上万物此消彼长，循环往复。

人们意识到时间的存在，就学会了利用时间。他们不仅用时间记录所发生的事情，还用于其他目的。

假设你要出去散步。十分钟后，你走到三棵杨广场；二十分钟后，走到枫树大道；三十分钟后走到老桦树街。你事先并没有测量过三个地点之间的距离，也没有数过到达每个地点需要走多少步。但是，你会看时钟。

你已经测算了时间。

看来，时间可以用来测量距离。这给远航的水手带来很大的便利。他们经常在海上漂泊，好几个月都看不到陆地，四周全是一片汪洋。因此，一开始水手们对精确的时钟有着最迫切的需求。

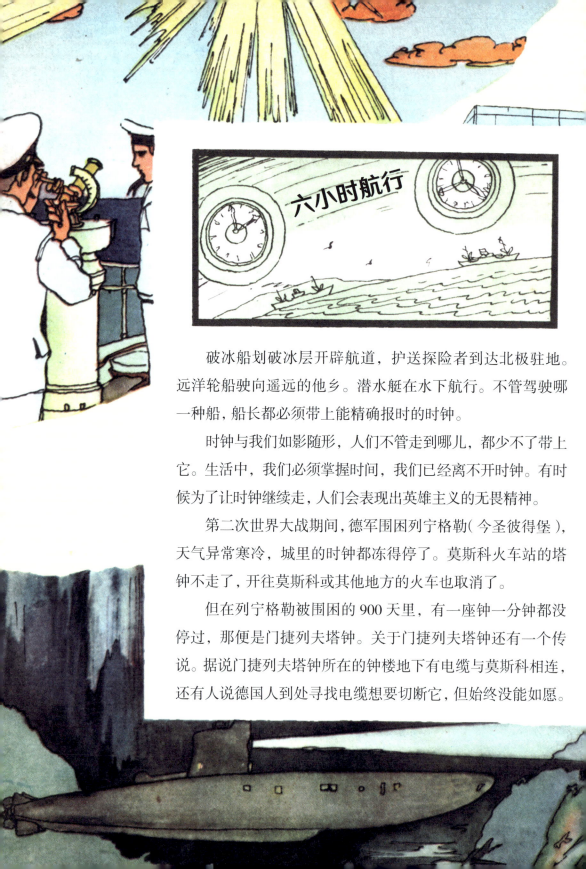

六小时航行

破冰船划破冰层开辟航道，护送探险者到达北极驻地。远洋轮船驶向遥远的他乡。潜水艇在水下航行。不管驾驶哪一种船，船长都必须带上能精确报时的时钟。

时钟与我们如影随形，人们不管走到哪儿，都少不了带上它。生活中，我们必须掌握时间，我们已经离不开时钟。有时候为了让时钟继续走，人们会表现出英雄主义的无畏精神。

第二次世界大战期间，德军围困列宁格勒（今圣彼得堡），天气异常寒冷，城里的时钟都冻得停了。莫斯科火车站的塔钟不走了，开往莫斯科或其他地方的火车也取消了。

但在列宁格勒被围困的 900 天里，有一座钟一分钟都没停过，那便是门捷列夫塔钟。关于门捷列夫塔钟还有一个传说。据说门捷列夫塔钟所在的钟楼地下有电缆与莫斯科相连，还有人说德国人到处寻找电缆想要切断它，但始终没能如愿。

　　这是一座十分老旧的大钟，靠非常沉重的重锤砝码驱动，必须要用特殊的绞盘，才能把重锤砝码吊升起来。一个名叫伊万·费多托夫的守钟老人就负责这项工作。

　　那时候，伊万·费多托夫的身体已经日渐衰弱，穿过厚厚的积雪来到塔楼已经非常不易，爬到绞盘所在的平台更加困难，而要把这个非常非常沉重的重锤砝码吊起来，已几乎是不能完成的使命了。

　　但日复一日，费多托夫都要竭尽最后的力气，坚持把重锤砝码吊升到楼顶。于是塔楼大钟的指针得以继续走动，并向城市发布时间。那时候，能让列宁格勒人高兴的事情寥寥无几，但他们至少会说："塔钟还活着，时间还在前进，胜利就在前方！"

　　每个人讲故事时，总会说"这件事发生在昨天"，或者"今

门捷列夫钟楼

天早上我看到了"，或者是"明天我要去做"。我们讲述生活中发生的事情时总会谈到时间。我们会说，"很久很久以前……不久之前……最近……不久之后……"我们随时随地都在谈论时间。人的一生，总在算计着时间。

而且，我们往往通过有趣的事情来记住某个时间。比如和一个见多识广的人交谈了，或游览了一座陌生的城市，或读了一本有趣的书。

我们越是见多识广，就越会感到生命的充实和精彩。如果我们习惯于懒惰，无所事事、无所适从，就无异于没有真正生活过，只是在浪费时间。无事可做的生活也是无趣的。

对于懒惰的人来说，时间是静止的。

生物体内的时间

（牡蛎和豆类植物如何记忆时间？什么是夜猫子和早起的鸟儿？）

世界上还有一种神奇的时钟。它没有手，没有弹簧，也没有重量。更令人惊奇的是，谁也不曾见过它。可是，偏偏地球上的所有生物都有这样一种时钟。鸟、鱼、花、猫、树，还有人，无一例外。

200多年前，法国天文学家德马林有段时间放弃了月球和行星的研究。他决定不再数天上的星星，而是去研究豆科植物，一些普通的豆科植物。他把这些植物从花园移栽到黑暗的地窖里，让它们晒不到太阳，也照不到月光，24小时漆黑一片。但没想到植物们像在花园里一样继续生长。白天，它们的叶子挺立，到了晚上就垂下来，仿佛要睡觉似的。

豆科植物实验

豆类植物感受到了时间的流逝！ 人们也因此第一次知道植物体内有一种时钟。还有一件类似的事。人们把海边捕捞的牡蛎用飞机运到几千千米之外的一个湖里。捕捞牡蛎的时候，海边还是阳光普照，但当牡蛎到达湖那边时，月亮已经升起来了。即便这样，牡蛎还是会继续按照自己的时钟生活，把它们的壳张着，就像在原生的大海里潮水涌上岸时那样。牡蛎在继续按照自己的"生物钟"（biological clock）生活。"生

150 千克　　160 千克

物钟"这个词是科学家命名的。"bio"在希腊语中的意思是"生命"，生物钟就是生命的时钟。

一位天文学家能第一个发现植物有生物钟，这也并非偶然。因为他想观察日出日落、月圆月缺、昼夜交替是如何影响鱼、螃蟹、昆虫、蠕虫、小牛、奶牛的生活的。当然，也包括我们人类的生活。

病人在清晨被叫醒测体温时，总会抱怨连连：不能过一会儿再测吗？答案是：不，不能。医生这样安排是有充分理由的。因为人的体温早晨 6 点最低，所以这时候测体温最科学。而晚上 6 点人的体温最高。所以，有些药规定必须在夜间或清晨服用，这样可以更好地吸收和起效。

大多数人都会觉得早上精力充沛，工作起来轻松愉快，万事都难不倒。这类人被称为"早起的鸟儿"。而我的一个作家朋友则习惯于"开夜车"。他晚上不想睡觉，夜深人静时才下笔如有神。这样的人被称为"夜猫子"。我们知道，猫头鹰就是晚上行动的，晚上到了，它们才从树洞里探出头，扑向猎物。

在一天中的不同时段，我们手掌的温度、心跳的节奏、肌肉的力量都会发生变化，我们从工作中获得的满足感也会发生变化。这是生命的时钟在嘀嗒作响啊！

160 厘米　158 厘米

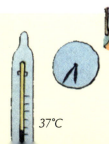

37℃　　38℃

花钟

菊苣

罂粟

蒲公英

88

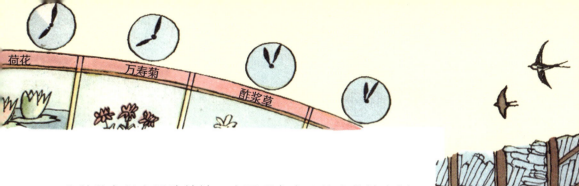

荷花　　万寿菊　　酢浆草

　　一些科学家很有冒险精神。为了观察自己的生物钟在陌生、恶劣的环境中如何工作，他们搬到了暗无天日且没有时钟的地下洞穴，生活上几个星期或几个月。在完全黑暗中生活是很困难的，但也不乏一些趣味。一位科学家曾在山洞里生活了 40 个昼夜，但他自己以为只过了 25 天，因为他的生物钟已经乱了。不过人们还是认识到了，即便在黑暗和寂静的地下环境生活，生物钟也会告诉我们："时间在流逝。"

　　可生物钟长什么样子呢？它的"弹簧""指针"和"钟摆"在哪里？没有人知道。生物钟还是一个谜，但我们知道它确实是存在的。

　　有些人前一天晚上会告诉自己："明早七点必须起床，一分钟也不能晚。"果不其然，他们第二天早晨七点整就醒来了。不过，我还认识一个男孩，他定了两个闹钟叫早，可上学还是迟到！如果他看到我们这个故事可能就会高兴地说："看，迟到不是我的错，是我的生物钟有些糟糕。"

　　不管怎么说，我觉得，我们还是应该学会按时起床。

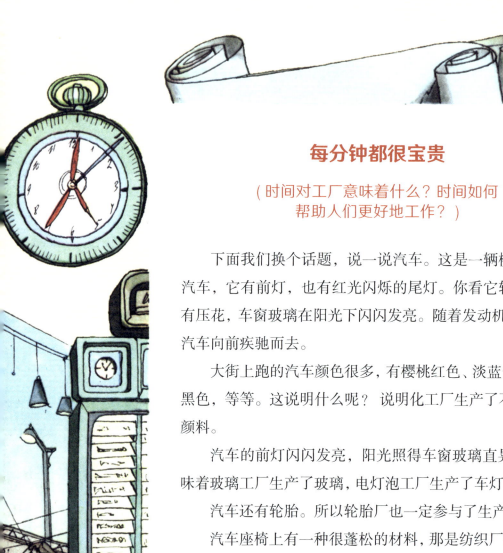

每分钟都很宝贵

（时间对工厂意味着什么？时间如何
帮助人们更好地工作？）

下面我们换个话题，说一说汽车。这是一辆樱桃红色的汽车，它有前灯，也有红光闪烁的尾灯。你看它轮胎表面上有压花，车窗玻璃在阳光下闪闪发亮。随着发动机一声轰鸣，汽车向前疾驰而去。

大街上跑的汽车颜色很多，有樱桃红色、淡蓝色、黄色和黑色，等等。这说明什么呢？说明化工厂生产了不同颜色的颜料。

汽车的前灯闪闪发亮，阳光照得车窗玻璃直晃眼。这意味着玻璃工厂生产了玻璃，电灯泡工厂生产了车灯。

汽车还有轮胎。所以轮胎厂也一定参与了生产。

汽车座椅上有一种很蓬松的材料，那是纺织厂的成果。

汽车里播放着轻柔的音乐。收音机厂一定为汽车组装过收音机。

还有，汽车发动机是发动机制造工厂生产的。

以前，我曾经想过要数清楚生产一辆汽车需要多少家工厂配合工作，但实在是数不过来。这个数字恐怕要上百，实

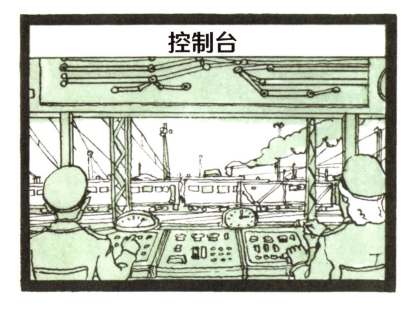

控制台

在太多了。但我们都说："汽车是汽车厂生产的。"这当然也是事实。一家大型汽车厂一分钟就能生产一辆汽车。你可以想象一下！

一分钟生产一辆车！ 一页书看下来还需要一分多钟呢。可见，在汽车厂工作，认真对待每分每秒是多么重要！

一分钟生产一辆车！

一分钟生产一辆车！

纺织厂、轮胎厂、玻璃工厂以及所有其他工厂的人，都必须认真对待时间，因为时间把所有这些工厂都和汽车厂捆绑

汽车厂

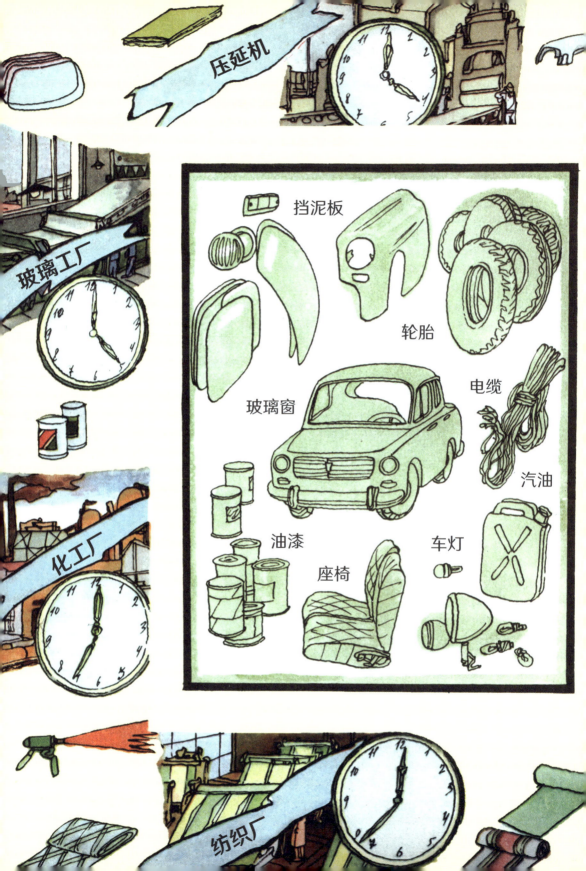

压延机

玻璃工厂

化工厂

纺织厂

挡泥板

轮胎

电缆

玻璃窗

汽油

油漆

座椅

车灯

轮胎工厂

电缆工厂

汽油工厂

在一起。时间也将工人们连接在一起。

一分钟生产一辆车！

一分钟生产一辆车！

如果哪个环节发生了意外，或者哪个工厂的生产节奏没跟上，你知道会发生什么吗？主要的工厂——汽车厂可能会停产。

正因为如此，所有的工厂都必须有一个通用的精细的生产计划。

每个工厂、每个车间、每个人的工作任务都要计划好、规定好。

生产多少辆汽车，加工多少零件，织多少布料，需要计划好、规定好！

哪家工厂以什么速度生产，哪天必须供货，也要计划好和规定好！

车大灯、红色尾灯和轮胎都要确保准时送到汽车厂。只有时间表精准、计划精准，汽车厂的工人才能完全按计划工作。毕竟，如果工人们慌里慌张地赶时间，可能就拧不紧螺丝、调节不好引擎，"欲速则不达"。因此，也就可能生产出华而不实的汽车：徒有漂亮的外观，性能却打了折扣，造成汽车的

电灯泡工厂

30 货运车厢

质量参差不齐。相反，工人们只有按计划工作，把握好时间，盯紧每一分钟，制造出的汽车才能做工精良、寿命长、更耐用。

所有机器和仪器都必须制作精良，产品质量和每分每秒的工作时间一样宝贵。

一分钟值多少钱呢？

它贵比黄金。每一分钟里，全苏联的煤矿能生产三十货车的煤，油田能产二十油罐车的油，高炉炼出来的钢铁可以制造三百辆汽车。

想想看，这些竟然都是一分钟内完成的！

同样也是这一分钟……不，我们无法列出所有的事情。工厂实在太大了，每一分钟都很宝贵。

读完这本书，你已经又长大半个小时或一个小时了。时间的脚步永不停歇。

明天是明天！

20 油罐车

一分钟

轿车

300

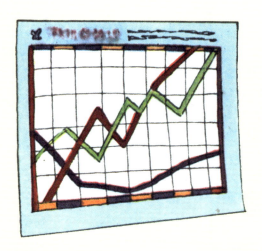

钟和表

［苏］雅科夫·德卢戈连斯基 / 著
［苏］弗拉基米尔·库尔科夫 / 绘

谜语

每个人都喜欢猜谜语，我相信你也不会例外。下面，就让我们从两个谜语说起吧！第一个谜语老生常谈；第二个呢，是我自己刚想出来的。

是谁，一直走在路上，却永远无法到达终点？

是谁，在空荡荡的房间里大声说"嘀嗒，嘀嗒"？

猜到了吗？

如果还没有，请把书翻到下一页，看图片就会知道答案。

是的，没错，答案就是时钟。

现在，让我们自己动手做一个一模一样的时钟吧！也可以让爸爸、妈妈或者爷爷、奶奶来帮忙。

你们成功了吗？

现在，先把可爱的时钟放在一边，让我们聊一聊时间的话题，学习一下怎么认时间吧！

两种报时方法

报时的方法有很多种，我来告诉大家其中两种。

我认识一个男孩。如果别人问他现在几点，他就跑去问奶奶。奶奶看看时钟之后，视情况告诉他——两点钟，或者三点钟。

这是第一种方法。

我还认识另一个男孩。当别人问他现在几点，他就走到时钟旁边盯着看一会儿，自己认时间——并且每次回答都正确。

那么，让我们试着来学习第二种报时方法吧！

不过，学习之前请大家记住一点：很久很久以前，人们就已经认识到时间可以划分为大大小小的"单位"，并给它们都取了名字。

大一些的"单位"叫小时，小一些的"单位"叫分，最小的"单位"叫秒。

现在几点了？

现在，请拿起刚才做好的可爱的纸板钟吧，它太逼真了！

钟面上有一个大圆圈，上面标着数字 1 到 12。

钟面上还有一长一短两个指针。

现在，这个钟只缺一个可以带动指针转动的机械装置了。

我们不妨先尝试一下，让指针在没有机械装置的情况下运动起来。

把长针和短针同时指向数字 12。你知道这代表什么吗？

这表示现在是 12 点整。

接下来，保持长针位置不变，动一动短针。

把短针移到数字 1。你知道这代表什么吗？

这表示现在是 1 点整。

如果我们把短针再移到数字 2 的位置上，会怎样呢？ 这时候时钟会显示两点整。

如果继续移动短针到数字 3 上，时间就是 3 点整。

移动短针到数字 4 上，是 4 点整。

移动短针到数字 11 上，就是 11 点整。

你发现了吗？ 当我们把那锋利的长矛似的短针尖指向谁，随便

哪一个数字，1，2，5，7，11 或 12，这时候，只要长针指向数字 12，时间就是短针指向的整点钟。这样，每次妈妈问你"现在几点了"的时候，你都可以准确回答出来。

现在，我们来检验一下学习效果。

如果短针指向数字 5，长针指向数字 12，是几点？答案是 5 点钟。

下面，我们把长针指向数字 6，再把短针移到数字 12 和 1 之间。

现在是几点了？答案是 12 点半。

再把短针移到数字 1 和 2 的中间，这时候就是 1 点半。

如果再把短针移动到数字 2 和 3 的中间，就是两点半；移到数字 3 和 4 的中间，将是 3 点半。

如果短针放在数字 4 和 5 的中间呢？是 4 点半。

好了，现在请记住，如果长针指向数字 6，而短针正好在两个数字的中间，那么时间是整点半，比如 12 点半、5 点半或 10 点半。至于具体是几点半，取决于短针最后经过的那个数字。

下面来测试一下你学会了没有。如果长针指向数字 6，短针在数字 11 和 12 中间，现在几点了？

答案：11 点半。

你们答对了吗？

没错，答对了。现在，你已经学了不少关于认时间的知识。请看下一节。

公鸡、茶壶和闹钟

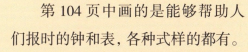

第 104 页中画的是能够帮助人们报时的钟和表，各种式样的都有。

当然，钟表的种类繁多，画师笔下展示的只是其中的一部分。

这种时钟装在飞机上。

这一种，安装在宇宙飞船上。

这是体育比赛中裁判使用的秒表。

这是一个象棋钟。

这是一个闹钟。

这是航海用的天文钟。

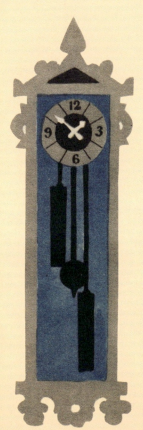

关于钟表的故事，我还有很多要讲给你听呢！但我想，你一定想知道为什么画师在这里画了一只公鸡和一个茶壶。

之所以画公鸡，是因为公鸡也是时钟的一种。当然，它是有生命的生物钟，不是机械钟。古时候

人们还没有发明钟表，公鸡就担起了报时的任务。

清晨，当公鸡喔喔喔地啼叫，意味着新的一天开始了，到了起床时间。傍晚，当公鸡飞上栖木时（你知道吗，鸡是在栖木上睡觉的），意味着天色将晚，睡觉时间到了。

但是，公鸡报时总有不靠谱的时候。有时候，打鸣的时间还不到，可正巧赶上公鸡从栖木上摔下来，就会喔喔喔大叫。还有的时候，狐狸闯进鸡笼把公鸡叼走了，也就没谁来给人们打鸣了。

于是，人们发明了一种更可靠的公鸡，它既不会从鸡窝里跑出来，也不会成为狐狸的美餐。

这就是为什么画师画了一个茶壶钟——因为茶壶钟也是一种时钟。它是一个水钟。

人们往茶壶钟里倒上一桶水，然后把水龙头打开。已知一桶水从茶壶钟里全部流出来要花一个小时。如果水流完了，那就意味着一个小时过去了。然后，他们再往茶壶钟里倒一桶水，周而复始。但是，问题来了，人们不得不整天忙活，不停地往茶壶钟里添水。

　　茶壶钟是一种非常古老的时钟。如果不是
800年前人们发明了一个有表盘、指针和零部件组
成的真正的时钟，我们可能还在使用茶壶钟呢！

　　真正的时钟长得像这样！

　　非常笨重，十个人都抬不动它。

　　这种时钟修建在镇中心的一座高塔上，因而人们也称它为塔钟。
塔钟是一个镇上的主钟。

　　人们当然无法把这样的庞然大物搬到家里。因此，还需要设计
一个可以在家里日常使用的、体形更加小巧的时钟。

　　在这方面，房子真是个幸运儿，因为很多时钟都是按照室内使用
设计的。

　　比如：

　　放在壁炉上的时钟；

　　挂在墙上的挂钟；

　　立在地板上的老爷钟；

　　还有摆在桌子上的座钟。

　　为了方便一些经常外出的
人使用（例如士兵、旅行者，他们是出了名的游民），钟表匠还设计了
一种叫作表的小时钟，可以放在衣袋里随身携带，或者系在手腕上。

　　当然，钟表匠也很为那些早上睡过头的人着想。闹钟就是用来
叫早的。闹钟可是个宝贝！把闹钟的发条拧紧，设定到你希望被叫
醒的时间，然后就可以放心睡了。约定时刻一到，闹钟就会大声地丁
零零响起（现代闹钟的声音更悦耳），然后你就起床了。

　　古时候的人们似乎睡得更香，另外那时候的闹铃铃声也很单调，

经常叫不醒他们。于是，钟表匠为这些睡觉沉的人专门制作了闹钟。比如炮钟，是和一个点火的时钟连在一起的，可以在指定时间发射。再比如摇钟，和一个复杂的机械装置相连，可以在指定时间摇晃床，让睡梦中的人无论情愿与否都得起床。以上这些钟是专为男人设计的。

女性多柔弱，闹钟也需要温和一些。比如有一种闹钟可以向熟睡的女人喷香水或柠檬水。有些女士喜欢被香水唤醒，也有些女士更钟情于柠檬水。

除了此类女士闹钟，画师还画了一个天文钟。所有船只出海航行都要带上天文钟。这是因为普通时钟不适用于海上作业，它们无法经受颠簸，很容易变得不准时。

古时候，在天文钟发明之前，经常有航船迷路、搁浅或无法按时到达目的地。当然，他们也梦想着拥有一个可靠的航海钟。

当时的一位西班牙国王自诩为海员们的保护神。他宣布，如果谁能发明一种在航船上精确显示时间的时钟，就重赏谁。英国议会也采取了同样的奖励措施。

最后，一个叫约翰·哈里森的人发明了天文钟。他来到英国海军部，把天文钟放在桌子上。

"那是什么？"英国海军将领们问道。

"天文钟，所有船长的梦想。"

人们立即对天文钟进行了测试。一艘船装上了天文钟，出海后从不偏离航线，并且能准时抵达目的地港口。

第111页左上图中所示的，是国际象棋钟。它已经快一百岁了。

国际象棋钟发明之前，棋手走一步棋可能要花十分钟，而对手可能要花上一整天的时间思考如何应对。这真是让人抓狂。

人们对他说：

"别拖时间了，大师。"

可他却说："我没有拖延时间哪，我只是在考虑下一步怎么走。"

现在有了象棋钟，每个棋手都要在指定时间内出棋。如果不能在规定时间内走出规定步数，象棋钟上的红旗就会掉下来。意思是：已超时，你输了，大师！

以上我讲的这些钟表，直到今天人们仍在使用。当然，人们也对这些钟表做了很多改进。但是，炮钟、茶壶钟和香水闹钟已经没人再用了。

既然你已经学了许多关于钟表的知识，也掌握了报时的方法，下面，我要提问了——

钟表里面有什么

钟表里面藏着什么东西？我相信这个问题你问过自己不止一遍。所有时代、所有国家的孩子对此都会充满好奇。我也不例外。

的确，钟表的内部构造是怎样的呢？是谁坐在那个盒子里面大声地说着"嘀嗒，嘀嗒"。当我还是一个小男孩儿的时候，有一次，我决定要把这个问题彻底搞清楚。

我的祖父有一块大怀表，长得很像颗洋葱。有时候他会让我把玩这块怀表，但我家里并没有这东西。

有一次，祖父让我独自在他房间里玩。这下机会来了，于是我把他那块怀表拆了个稀巴烂。我先把表盘上的玻璃罩取下来，然后卸掉了指针。让我十分惊奇的是，这个表居然还在嘀嗒嘀嗒作响。眼看表盘已无从下手，于是我把表翻过来，卸掉了后盖。

　　终于，我看清楚了那个发出嘀嗒嘀嗒声音的小物件——一个完整、紧凑、精巧的装置，由无数细小的螺栓、嚓嚓的齿轮、紧绷的线圈和纤细的发条组成。哦，原来就是这个小物件在移动、旋转、嘀嗒作响。

　　这时我的好奇心大发，一根纤细的弹簧首先沦为战利品。随后，我又撬出一个小齿轮……

　　拆表的过程我就不详细描述了。自那以后，祖父很长一段时间都不想和我说话。要知道，这块怀表是他在布琼尼的骑兵部队服役时，因为英勇作战得到的奖赏。

　　直到最后，祖父也没能找到一个能修好他那心爱的怀表的钟表匠。

　　现在的情况就不一样了。孩子们再不必拆开祖父的表去探索钟表的内部构造。随便走进一家玩具店，都能买到一个叫"小小钟表匠"的神奇盒子，里面装有各种零件，足以组装出一个真正的时钟，不但能够嘀嗒作响，还可以显示时间。

梭子鱼和锤子

我完全相信你能用玩具盒里的零件组装成一个很好的时钟。

但要记住，你不能摇晃时钟，也不能往它身上撒尘土或者泼水。只有特制的手表才能经得起这种人为的折腾，因为它防水、防尘、防震。

这就意味着，你不用解开表带就可以洗澡，可以挥舞锤子，还可以在尘土飞扬的土路上骑自行车。

为了证明这一点，我讲些怪事给你们听。

据列宁格勒的一家报纸报道：

"伊万·科诺年克是国有农场的一名修理工，有一次他捕到了一条梭子鱼。在清洗鱼肚子时，他发现里面有一块手表。想象一下，他是多么惊讶！伊万给手表上紧了发条，手表竟然还能走。并且这一走，就是三年。因为梭子鱼是生活在水里的，所以这只手表当然通过了防水测试。"

另一份报纸这样报道：

"我是一名鞋匠。钉子和锤子是我的工具。修鞋的时候，我从来没有把手表摘下手腕，虽然一开始的时候我也很担心表会被震坏。不过现在我很确信，防震手表真的不怕震动。我戴着这只手表挥锤修鞋十年了，它仍然走得很准。"

还有一篇报道，也是最后一篇。写这封信的人是个园丁，名叫西多罗夫：

"两年前我弄丢了手表。今年夏天，我在一棵苹果树下找到了它，这时候，它已经在尘土、雨水和霜冻中躺了两年。我给它上好发条，它又嘀嗒响了起来。我要衷心感谢手表厂制造出这么优质的产品。"

像这样防水、防尘、防震的手表，都是如今才生产出来的。

任何一块古旧的手表都经受不住这样的考验。这是毫无疑问的。

向巡洋舰开火的钟

本篇所述的并非钟表，而是一个与钟表息息相关的人。

世界上不同的国家、不同的城市里，都会有一座塔钟。

挪威的一座小镇上，也有这么一座塔钟。关于这个钟，还有一个动人的故事。

一位守钟的老人每天都要爬上高高的楼梯，将楼顶塔钟旁边的一门旧大炮射响。只要听到炮声，小镇的人就知道中午时间到了。

后来，纳粹军队占领了这座矗立着塔楼的小镇——实际上整个挪威都沦陷了。一艘纳粹巡洋舰就在小镇的港口抛了锚。

一天，守钟的老人像往常一样爬到楼顶。但这一次情况不同，他往炮筒里装上了一颗古老的炮弹。他把炮口对准了那艘纳粹巡洋舰，中午 12 点整开了炮。

恰巧，这发炮弹击中了弹药舱，引爆了纳粹巡洋舰。

纳粹始终没有找到开炮的老人，因为镇上的人把他藏在了安全的地方。当挪威重获自由时，这位守钟的老人被授予最高级别的军

功章。

这也难怪！一个老人，用一门旧大炮，摧毁了敌人的一艘巡洋舰。这样的事情只能是可遇而不可求！

另一个守钟人

伊万·费多托夫一辈子也没有发射过大炮，但他却被授予"保卫列宁格勒"勋章。这是因为，他曾完成一项"军事壮举"。

战争打响时，伊万·费多托夫已经是位老人了，在列宁格勒的一家研究所当了将近 40 年的钟表工。每天，他要登上研究所的钟楼，把驱动大钟的重物提升到塔顶——这是一个装有铅丸的桶，足有 50 千克重。

后来，战争期间，这位老人原本是有机会脱身的，远离纳粹的炸弹、炮弹，远离战争带来的饥荒。但是，他毅然决然地放弃了这一切。

"如果我走了，还有谁会在意这座钟呢？""如果附近有炮弹爆炸，钟坏了怎么办？""谁来修理？""至于挨饿……全列宁格勒的人都在挨饿，为什么我不能和他们一样？"

就这样，他留守了下来。

在这座城市被围困的 900 天里，费多托夫负责的时钟从未停止过，哪怕是一秒钟。列宁格勒市民们要对照这座钟调整自己的手表，前往列宁格勒郊区战壕的士兵们也是如此。

你可以想象，对于一个常年饥饿、衰弱无力的老人，每天爬上高高的楼梯，并吊起沉重的铅桶，是多么劳苦和艰难。

但是，如你所知，列宁格勒人是从不屈服的。守钟的老人也活到

了胜利日到来的那一天。

1945 年 5 月 9 日，当苏联人民庆祝战胜德国纳粹时，伊凡·费多托夫像往常一样登上塔楼，再一次为那只古老的大钟吊起铅桶。

漫谈时间

整本书都快读完了，那么，我想给大家提一个问题。

时间是什么？ 毕竟，在书中我们一直使用这个词语。

"为什么问这个问题呢？"你可能会觉得有点儿奇怪，"时间不就是时钟吗？ 比如闹钟。这个大家都很清楚。"

的确，大家对此可能很清楚，但理解未必完全正确。

因为时钟不是时间，时钟只是计量时间的机器。而时间本身是无色、无味、看不见也摸不到的。

想想看，我们日常接触的很多东西都无法触觉到，比如空气。

然而，幸运的是，人们已经掌握了如何称量看不见的空气；也造出了看得见的、摸得着的时钟，来计量我们无法用眼睛捕捉到的时间。

男学生瓦西里、通心粉和时间

现在我们都知道了，替我们管理时间的不仅有时钟和手表，还有钟表匠和守钟人。但是，如果我们每个人自己不注意管理时间，既不看时钟，也不看手表，那么就算是有守钟人在那里，也帮不上你。

下面举个例子。

一分钟——是多还是少？ 对某些人来说可能很多，对另一些人来说可能很少。有的人一分钟可以做很多事，而有的人一小时也一事无成。

一个年轻人可能会对他的母亲说："我想要一个冰激凌。"

这是一个直截了当的请求，一秒钟就可以说出来——不多也不少。

然而，同一件事，同一个年轻人也可以啰唆上整整十秒钟：

"求你了，妈妈，我想要一个冰激凌。我可以要一个吗……"

著名的短跑运动员瓦列里·鲍尔佐夫只需 10 秒钟就能跑完 100 米比赛，赢得一枚奥运金牌。

一分钟，一台饺子机能烤 50 个饺子。

一分钟，一台通心粉机能加工出 5 千克通心粉。

可是，一分钟过去了，8 岁的男学生瓦西里·伊万诺夫却一事无成。他甚至都没有尝试动手。他说一分钟太短了。现在，让我们一起思考。

如果你浪费了一分钟，就等于少加工出 5 千克通心粉。

如果你浪费了整整一个小时，那么整个商店的通心粉短缺，可能都是你的责任。

这，就是时间的意义。

闹钟丢了，可以买一个新的。但时间一旦流逝，就永远无法挽回。

所以说，时间无比珍贵！ 无论对孩子还是成人来说，明白这个道理都非常重要。